PARAFOUDRES

PARAGRÊLES

EN CORDES DE PAILLE.

TROISIÈME SUPPLÉMENT.

TRAITÉ
DES PARAFOUDRES
ET
DES PARAGRÊLES
EN CORDES DE PAILLE.

TROISIÈME SUPPLÉMENT,

Dans lequel on verra l'exposé des succès qu'obtient journellement cette découverte chez les puissances voisines, telles que l'Italie, la Lombardie, tous les cantons de la Suisse, une partie de l'Allemagne et de la Prusse, et déjà sur plusieurs départements méridionaux de France.

PAR LAPOSTOLLE,
Membre de plusieurs Académies et Sociétés savantes.

AMIENS.
DE L'IMPRIMERIE DE CARON-VITET.
1826.

PARAFOUDRES

ET

PARAGRÊLES

EN CORDES DE PAILLE (1).

TROISIÈME SUPPLÉMENT.

Lorsqu'un rapport est fait et signé par des savans aussi dignes de la confiance publique que MM. Charles, Guay-Lussac et Biot, on est porté à croire que leur examen a été des plus scrupuleux, que leurs conclusions sont justes, que leur arrêt enfin est irrévocable. Cependant, lorsqu'on réfléchit avec attention sur ce qu'ils auraient dû faire et n'ont pas fait, pour s'assurer si la préférence doit être accordée aux métaux ou à la paille, dans la composition des parafoudres et des paragrêles; lorsqu'on voit que pour éclaircir un sujet aussi important pour toutes les Nations, et auquel tout savant doit être jaloux d'attacher son nom, ils n'ont rien fait qui puisse prouver que la paille

(1) Un vol. in-8°., à Amiens, chez Caron-Vitet, imp.-éditeur.
A Paris, chez Bachelier, quai des Augustins; chez Ledentu, Palais-Royal, et chez Roret, rue Hautefeuille. — Prix : 5 f. et 6 par la poste.

n'a point la propriété conductrice du fluide électrique qu'on lui a accordée avec tant de raison; lorsqu'on voit qu'ils ont refusé de faire attention à tant de faits incontestables, connus et imprimés depuis la publication du Traité des Parafoudres et des Paragrêles en cordes de pailles; lorsqu'on considère enfin que ces célèbres critiques, au lieu de se conduire, dans cette lutte, en observateurs impartiaux, qui s'efforcent de suivre la nature avec l'auteur qu'ils combattent, pour la prendre sur le fait, ont voulu lui faire en quelque sorte violence pour la trouver d'accord avec leurs systèmes; qu'au lieu de la considérer en grand et dans ses actions générales, ils ont jugé l'ensemble par des effets tout particuliers, que l'on ne doit regarder que comme de véritables exceptions ou des anomalies, on perd un peu de la confiance que semblent commander leurs lumières : on est tenté de se méfier de la droiture de leurs intentions, on est en droit au moins de soupçonner quelque prévention de leur part; et, loin de regarder leur décision comme infaillible, on commence à sentir qu'ils ne sont que des hommes. . . . . . . et que par conséquent ils peuvent bien se tromper dans cette matière; ils y sont d'autant plus exposés que, d'après leur propre aveu, elle leur est étrangère (1); ils ne possèdent pas encore les connaissances nécessaires pour en juger sainement; ils en ignorent et la véritable théorie et la pratique.

(1) Rapport de Biot à l'Institut.

Telles sont les réflexions que l'on ne peut s'empêcher de faire en lisant les deux rapports de ces Messieurs.

Pour former leur opinion sur une matière absolument nouvelle, pour fixer celle du Gouvernement et de tout le public, dont ils devraient avoir à cœur de justifier la confiance, il semble qu'ils ne pouvaient prendre trop de précautions, s'instruire avec trop de soin de tout ce qui peut avoir rapport à l'objet soumis à leur examen.

Est-ce là ce qu'ils ont fait? Ont-ils cherché à connaître comment la nature opère dans cette branche nouvelle de l'électricité, comme ils auraient pu le faire, s'ils eussent voulu éclaircir cette partie de la science? En ont-ils suivi l'application ainsi que tant d'autres savans le font à présent, avec succès, dans quelques parties du territoire Français soustraites à leur influente opposition, dans toute l'Italie, la Lombardie, la Suisse, l'Allemagne, la Prusse et l'Amérique septentrionale?

Chaque année, des sommes énormes sortent du trésor de l'Etat, non pour réparer des pertes qu'il est au-dessus de toute puissance humaine de réparer, mais pour donner quelques faibles secours à de malheureux cultivateurs qui ont tout perdu par la grêle. En compulsant les relevés faits dans le département de la Somme, on voit que les pertes éprouvées dans ce département seul, dans les années 1815, 1816, 1817, 1818, 1819, 1820 et 1821, sont évaluées à la somme énorme de 2,337,297 fr. 75 centimes, ce qui donne pour terme moyen de ces sept années, celle de 338,879 f. 87 centimes; et cette perte, toute effayante qu'elle est, n'est rien, si on la compare à celles qu'éprouvent, chaque année, nos départemens méridionaux, sur lesquels ce fléau dévastateur exerce plus habituellement ses ravages.

Justement alarmé du fardeau qu'impose à l'Etat la nécessité de venir au secours des cultivateurs dont il attendait au contraire le paiement d'une partie des impositions dont se composent ses ressources, le Ministre de l'Intérieur appelle l'attention de l'Institut sur cet objet important. Ce corps savant charge une commission choisie parmi ses membres de s'en occuper et de lui en faire un rapport; ce rapport est fait et envoyé au Ministre.

Le Gouvernement a fait tout ce qui était en son pouvoir; malheureusement il voit, sans doute avec douleur, que les mêmes malheurs continueront à désoler nos campagnes, puisque, s'il s'en rapporte au rapport qui lui est fait, il n'existe d'autres remèdes que ceux connus depuis long-temps, et dont l'inéficacité, ou pour mieux dire l'insuffisance n'est que trop bien constatée.

Les Commissaires de l'Institut, comme on le verra, ne peuvent indiquer d'autre moyen de préserver les édifices de la foudre, que les paratonnerres métalliques construits d'après les principes proposés par Franklin.

Ce célèbre physicien n'a-t-il pas dû penser avec regrêt que sa découverte serait d'une utilité bornée, tant que le fer serait l'unique matière connue pour construire ses appareils, puisque ce métal ne sera jamais assez abondant pour que l'on puisse en munir un pays d'une certaine étendue ? Cet inconvénient ayant dû être aperçu d'abord, tous les physiciens ne devaient-ils pas consacrer leurs méditations et leurs expériences à la recherche d'un corps propre à remplacer le fer, et dont le prix n'excédât pas les facultés des classes les moins aisées ? Les corps savans ne devaient-ils pas proposer à leurs efforts cette seconde découverte, qui seule pouvait rendre la première d'une utilité générale ? ne devaient-ils pas même exciter leur émulation en en faisant le sujet d'un des concours pour lesquels ils sont dans l'usage de décerner des prix ?

Voilà, ce me semble, ce que l'on devait faire, et ce qu'on n'a pas fait ; et voilà pourquoi cette partie de la science est restée stationnaire. Je dois avouer, à ma honte, que je me suis occupé long-temps, et bien vainement, d'une recherche à laquelle je m'étonnais que personne ne pensât. Tant que je me suis obstiné dans des routes compliquées, mes efforts ont été inutiles ; mais aussitôt que je me suis rapproché de la simplicité que la nature met dans toutes ses œuvres, mon travail a été couronné du plus brillant succès. J'avais sous les yeux ce que je cherchais au loin.

La foudre brise les rochers, réduit en éclats les arbres les plus forts, et brûle nos habitations. Tous les ans, au mois de mai, à l'époque où règnent les orages, nos campagnes sont couvertes par les tiges des céréales, par la paille, qui porte à son extrémité la nourriture des hommes et celle de la plupart des animaux domestiques; bientôt la châleur dessèche cette paille et la rend susceptible de s'enflammer aisément. Quels exemples cependant peut-on citer de moissons consumées par le feu du ciel? N'en doutons pas : la bonté prévoyante du Créateur a voulu que la paille offrît au fluide électrique, que différentes circonstances tirent souvent du sein de la terre en trop grande abondance, un chemin facile pour y retourner sans secousse, sans danger; chaque brin de paille doit être considéré comme un parafoudre qui protège nos récoltes, et contribue à rétablir l'équilibre électrique entre la terre et l'atmosphère qui l'environne. C'est à ce corps dédaigné que la nature a donné, de la manière la plus absolue, la propriété d'être conducteur du fluide électrique; c'est à lui que nous devrons un moyen assuré de nous préserver à jamais de la foudre et de la grêle.

On se demandera toujours comment le Ministre, instruit des essais que l'on fait sur une partie des départemens méridionaux de la France, et chez les Gouvernemens nos voisins, n'a pas invité l'Institut à recueillir, avant de rédiger son rapport, tous les documens qui pouvaient lui procurer les moyens d'émettre, sur ces essais, une opinion certaine? comment aussi les membres qui composaient la commission, connaissant mieux que personne la position de la France, relativement à la rareté du fer que son territoire recèle, n'ont pas abandonné le projet d'un rapport qui devait se borner à la proposition de continuer à construire les paratonnerres en fer, ainsi que nous l'a enseigné l'illustre Franklin? C'était un devoir pour eux que d'accueillir une découverte d'une utilité publique; cette découverte n'eut-elle présentée, selon eux, que des illusions, ils devaient tout faire pour justifier leur opposition; ils devaient enfin chercher à y ajouter des perfectionnemens, si elle leur avait paru susceptible d'en recevoir. Il est vrai que déjà ils avaient rejetté d'une manière indécente cette découverte; était-ce une raison pour ne point revenir sur leurs pas, et mettre par là leur responsabilité à couvert du blâme que déversent sur eux tous les habitans des pays où elle obtient tous les jours des succès éclatans? mais aucune de ces considérations n'a prévalu, et la commission a poursuivi son plan et fait son rapport.

Dans les préliminaires, beaucoup de science est consacrée à l'exposition de la théorie des paratonnerres; et les grands talens qui distinguent tous les membres qui composent la commission ne pouvaient rien laisser à désirer sur cette partie de la physique.

Je ne me permettrai pas de rechercher jusqu'où ce rapport est inattaquable; mais je me bornerai à l'objet intéressant. C'est la partie du travail qui doit contenir l'indication du remède qu'attendent impatiemment le Gouvernement et toutes les Nations policées.

Elle offre tous les détails relatifs à la construction des paratonnerres métalliques, en commençant par un appareil propre à garantir une maison.

Elle donne des règles pour la construction de la tige, son élévation et sa terminaison sur le bâtiment.

Elle expose tout ce qu'il est indispensable de faire, quant aux conducteurs et à la profondeur où il convient de les faire pénétrer dans la terre.

On établit ensuite ce qu'il faut observer pour les paratonnerres à placer sur les églises et les clochers.

On porte la même sollicitude à préserver de la foudre les magasins à poudre et les poudrières.

On ajoute les dispositions à suivre pour placer les paratonnerres sur des bâtimens de mer.

Tous ces détails ne sont absolument que ceux qui sont consignés dans les écrits que nous a laissés sur ce sujet l'illustre Franklin; et assurément, MM. les commissaires de l'Institut ne pouvaient suivre un meilleur guide.

En signalant la paille comme l'emportant sur les métaux, par sa plus grande conductibilité, je suis loin de proscrire les parafoudres en barres métalliques, lorsque surtout ils sont construits d'après des principes certains, exécutés et soignés avec les attentions voulues : c'est un instrument qui a aussi son degré d'utilité, et il est le seul qui ait été employé jusqu'aujourd'hui. Si la matière dont ils se composent n'était pas aussi rare et aussi chère, si elle était à la portée de toutes les fortunes, je ne me serais pas donné tant de peines pour soutenir la lutte que m'a suscitée son succédané, contre des savans du premier ordre, dont je ne cesserai jamais d'admirer sincèrement les rares talens : Voilà ma profession de foi à l'égard des paratonnerres.

Donc, ceux construits en métal sont bons, et peuvent remplir le but que l'on se propose : celui de garantir de la foudre les édifices publics qui en sont armés, et de la grêle les champs sur lesquels on en aura élevé un assez grand nombre. Cependant il importe à la sûreté publique d'indiquer ici quelques vices qui se remarquent dans ce rapport, et qui pourraient nuire à leur perfection. J'ai dit que ce rapport au Ministre contenait tout ce que nous avons appris de Franklin; mais il s'est glissé une erreur importante dans la rédaction, et il importe de la rectifier.

Les célèbres auteurs indiquent que lorsque l'on ajoute aux barres ascendantes (les tiges du paratonnerre) des prolongemens aussi en fer, pour conduire la foudre dans la terre, on doit en diminuer la capacité. C'est sans doute une faute échappée à leur sagacité, ou dictée par une considération d'économie trop peu réfléchie. Si, comme je l'ai toujours observé, et comme ils le consacrent eux-mêmes dans cette partie de leur rapport, il est constant que la foudre éprouve un obstacle réel pour pénétrer dans la terre par des prolongemens obstrués (les conducteurs), il convient d'éviter soigneusement de diminuer la capacité de ces conduits d'écoulement, pour ne pas offrir à la foudre, par ce resserrement, un obstacle qui aura, pour effet de diminuer la vîtesse de sa course, et pour résultat, le foudroiement de l'édifice que l'appareil ainsi construit était destiné à garantir. Manquons-nous d'exemples qui prouvent que des paratonnerres ainsi obstrués par un retrécissement, éprouvent une dégradation ; la fusion qui s'opère aux angles des barres et les efface totalement, se remarque à la seule inspection. On dira que cet effet n'est rien; mais je dirai, moi, que de la fusion des angles des barres conductrices à leur solution de continuité, il n'y a pas loin; ainsi, plutôt que de diminuer la capacité de ce conducteur ou chemin d'écoulement, il conviendra de lui laisser la même dimention, depuis la base de la tige jusqu'à la pénétration dans la terre humide, et que même il faudrait l'augmenter pour plus grande sûreté.

Il y aurait beaucoup à dire sur les distances que l'on doit observer pour le placement des tiges de parafoudre et de paragrêle, et sur la hauteur qu'il convient de leur donner. Je renvoie, pour cette partie, à mon Traité des Parafoudres et des Paragrêles en cordes de paille, où la solution de cette question ne laisse rien à désirer.

Les auteurs du rapport ne se sont pas dissimulé sans doute, que ne pouvant rendre le fer plus commun qu'il ne l'est aujourd'hui, leur travail était absolument inutile, puisqu'il fallait que les choses restassent comme les a laissées l'illustre Franklin. Le Ministre, qui attendait tout de la science, devait au moins être prévenu que ses efforts seraient entièrement inutiles.

Les cultivateurs qui désireront préserver leur récoltes des ravages de la grêle, ont heureusement un autre moyen; ils y parviendront sûrement, en armant leurs terres de paragrêles en cordes de paille, ainsi que l'usage en est établi chez les peuples nos voisins. C'est bien aujourd'hui le moment d'insister sur les succès qu'obtient journellement cette découverte sur une partie du territoire français, et sur ce qui nous est déjà connu des royaumes étrangers.

Citons d'abord le Globe, nº. 143, répondant au Drapeau Blanc:

« Le Drapeau Blanc, dans sa feuille de samedi der-
» nier (6 août 1825), contient, sur les paragrêles, un
» long article, dans lequel on décide la question de
» leur efficacité par la négative, avec un ton d'assu-
» rance et de légèreté peu fait pour inspirer la con-
» fiance. Ce rédacteur s'adresse au Journal du Globe,
» et le plaint d'avoir ramassé des faits pour prouver
» l'utilité des paragrêles; il lui est bien démontré, à
» lui, qu'il n'y a que du bois, du laiton, et surtout
» du temps à perdre: la saine physique indique au
» premier coup d'œil que c'est une invention absurde,
» et si elle a trouvé quelques partisans, il ne faut l'at-

» tribuer qu'à cette confiance dans les lumières mo-
» dernes, à cet engouement pour les découvertes,
» qui sert de véhicule à toutes les erreurs. Peu sensible
» aux reproches du journal de l'Institut, nullement
» convaincu par ses raisonnemens, nous répondrons,
» parce que c'est ici l'occasion de rappeler l'attention
» sur une pratique dont l'efficacité, d'abord douteuse,
» est de jour en jour confirmée par les faits.

» Nous avons dit, dans un premier article, en par-
» lant des paragrêles : *leur efficacité n'est par en-*
» *core, comme celle des paratonnerres, mise*
» *hors de doute par une longue expérience ; mais*
» *des essais répétés en Amérique, en Italie, en*
» *Suisse, en Allemagne, en Prusse et en Fran-*
» *ce, paraissent les recommander fortement à*
» *l'attention des agriculteurs.*

» Cette assertion qui n'a rien, comme on voit d'ab-
» solument positif, nous l'avons appuyée par des ob-
» servations nombreuses. Nous citions particulière-
» ment le témoignage de M. Tollard, professeur de
» physique à Tarbes, dans les Hautes-Pyrennées, qui
» dit avoir vu, lors de six orages successifs qui eurent
» lieu le 23 avril, 8 mai, 3, 15, 16 et 17 juin 1824,
» des communes couvertes de paragrêles, préservées,
» comme par enchantement, au milieu de plusieurs
» autres dont les habitans n'avaient pas pris les
» mêmes précautions. Celui de M. le baron Crud, au-
» teur d'un ouvrage fort important sur l'agriculture,
» qui assure avoir vu, à deux différentes reprises,

» que des orages qui traversaient l'atmosphère se di-
» visaient lorsqu'ils s'approchaient des surfaces ar-
» mées de paragrêles. Enfin, celui de M. Astolsi, in-
» génieur, qui vit, au mois de juin 1824, deux nuages
» orageux très-effrayans, qui versèrent une grande
» quantité de grêles sur une étendue de pays consi-
» dérable, passer, sans l'endommager, sur une espace
» armée de paragrêles ; il tomba seulement quelques
» grêles entre la première et la seconde ligne ; mais
» dans l'intérieur, on ne vit, au grand étonnement
» des habitans, tomber, au lieu de grêles, que des
» grains en consistance de neige ».

Le journal du Commerce de Lyon, dans son N°. du 3 août, contient un fait absolument semblable, arrivé dans le vignoble de Corsier : « Tandis, dit ce
» Journal, que la grêle tombait assez abondamment
» sur les prés et les champs situés hors de la ligne
» des paragrêles, il ne tomba sur la vigne que des flo-
» cons de neige, ou plutôt d'une matière blanchâtre
» peu consistante. Une heure après, un autre orage
» traversa le même vignoble, et présenta le même
» phénomène. Voilà, ajoute le rédacteur de ce Jour-
» nal, non pas des mots, mais des faits. Cependant
» observons encore, et ne nous lassons pas de réu-
» nir tout ce qui peut éclairer l'opinion sur cette im-
» portante matière ».

Le Globe fait aussi mention d'un rapport au Gouvernement de Berne, que je crois devoir rapporter textuellement :

« Le département des Vignes de la ville de Berne,
» a reçu, le premier juillet, de Douane, un rapport
» officiel (1) sur l'effet des paragrêles.

» Vers la fin du mois de mai, les communes de
» Douane et de Glorèse armèrent leurs vignobles de
» paragrêles; des obstacles empêchèrent celle de la
» Neuville d'imiter tout de suite cet exemple.

» Le 2 de ce mois, les paragrêles ne s'étendaient
» même dans cette dernière commune que jusqu'à la
» distance d'un quart de lieue des dernières lignes
» établies par la commune de Glorèse. Vers les deux
» heures de l'après midi, l'atmosphère se chargea de
» nuages orageux, et il tomba de la grêle en plusieurs
» endroits. L'espace qui n'était point préservé fut
» assez endommagé, et l'on y compte de 10 à 15
» grains par grappe atteintes par les grêlons. La partie
» du milieu a le plus souffert; le mal diminue à me-
» sure que l'on approche des deux lignes de para-
» grêles.

» Le 13, un orage violent se forma au nord de
» Douane, au-dessous de Diesse; la grêle tomba en
» abondance sur les forêts, et s'arrêta entièrement à
» la première ligne des paragrêles; il ne tomba dans
» tout le vignoble qu'une pluie fécondante; plusieurs
» personnes qui se rendaient dans ce moment de l'Ile
» de St.-Pierre à Douane, et qui observèrent l'état de
» l'atmosphère, disent que l'orage descendit des mon-

(1) Le Nouvelliste Vaudois.

» tagnes en colonnes épaisses; mais qu'au moment » où il approcha du vignoble, il s'arrêta visiblement, » et que les nuages semblèrent tournoyer; des masses » serrées s'éclaircirent, se dissipèrent, et finirent par » se réduire en pluies abondantes.

» Comme il a grêlé autour de notre vignoble, » ajoute le rapport, nous sommes convaincus que sans » les paragrêles, nos vignes, que le temps a jusqu'à » présent si bien favorisées, auraient considérable- » ment souffert. Nos paragrêles, quoiqu'établis à la » hâte, et peut-être sans tous les soins nécessaires, » ayant si bien répondu à notre attente, nous nous » empressons de compléter et de perfectionner l'ou- » vrage commencé; le temps et l'expérience appren- » dront ce qui peut manquer encore ».

Le rédacteur du journal du Globe entre aussi dans de longs détails sur l'usage des paragrêles et leur efficacité, qu'il serait bon de consulter (1).

La Société d'agriculture, commerce, sciences et arts du département de la Marne, dans sa séance publique du 29 août 1825, entend avec intérêt un long rapport fait par un de ses membres sur les parafoudres et les paragrêles. Cette Société a pensé qu'il était de son devoir d'inviter les correspondans et le comice agricole de l'arrondissement de Châlons, à renouveller les expériences sur ce sujet si important

(1) Journal du Globe, n°. 80, page 398 et suivantes.

pour l'agriculture, et à lui adresser les nouvelles observations qu'ils pourront recueillir encore (1).

Je peux donc dire comme le Globe :

« Voilà des faits nombreux bien circonstanciés et
» attestés par des hommes instruits ; nous aurions pû
» en citer beaucoup d'autres, si nous avions voulu
» rapporter tous ceux que les journaux des départe-
» mens font connaître, ou une partie de ceux qui
» sont recueillis dans les divers rapports des Sociétés
» d'agriculture. »

» Mais que font pour le rédacteur du journal de
» l'Institut des faits bien constatés, que lui fait l'ap-
» probation de plusieurs Sociétés d'agriculture ou
» même l'autorité de la bibliothèque universelle de
» Genève, recueil estimé surtout pour ce qui a rap-
» port à la physique et à l'agriculture ? Ce journaliste
» n'examine pas, il ne doute pas, il décide. Il prouve
» *a priori*, que les paragrêles sont des absurdités,
» il prétend que l'on a reconnu à Tarbes, l'inutilité
» des paragrêles, et qu'ils ont été abandonnés com-
» plettement en 1820 ; ceci est contredit par les ob-
» servations du professeur Tollard, dont nous avons
» parlé. Il prétend aussi que l'Académie des sciences
» a été consultée : les académiciens, dit-il, rirent
» beaucoup en se voyant questionner sur un sujet
» pareil. Ce rédacteur fait ici une étrange confusion.

(1) Séance publique de la Société d'agriculture du département de la Marne ; chez Bonnier-Lambert, à Châlons, 1825.

» Un rapport fut fait à l'Académie le 24 juillet 1820,
» par MM. Charles et Gay-Lussac, sur les paraton-
» nerres de M. Lapostolle, pharmacien à Amiens. Ce
» rapport fut très-défavorable; mais il ne s'agissait
» pas plus de paragrêles que de paratonnerres; il s'a-
» gissait du procédé particulier proposé par M. La-
» postolle, pour remplacer les conduits métalliques
» par des cordes desséchées. Depuis le mois de juil-
» let 1820, il n'a pas été question de paragrêles ».

Je dois ici rappeler des faits dont, ni M. le rédacteur du Globe, ni le journaliste de l'Institut, n'ont probablement eu aucune connaissance.

Il a été publié, en 1820, un Traité qui a pour titre : *Traité des Parafoudres et des Paragrêles en cordes de paille*, imprimé à Amiens, chez Caron-Vitet. L'Institut a pris connaissance de ce Traité, et a nommé, pour lui en faire un rapport, MM. Charles et Gay-Lussac. Ce rapport, fait à l'Institut, ne fut rien moins que satisfaisant pour la découverte.

L'auteur fit une réponse qu'il publia sous le titre de *Premier Supplément au Traité des Parafoudres et des Paragrêles en cordes de paille*, ou *Appel à l'opinion publique*.

Le célèbre Biot crut devoir répondre à ce premier Supplément, par un autre rapport composé de six paragraphes, ayant pour titre :

Analyse de deux ouvrages sur l'électricité, l'un ayant pour titre : Traité des Parafoudres et des Paragrêles en cordes de paille, précédé d'une

météorologie électrique, par M. Lapostolle; l'autre: *Appel à l'opinion publique,* ou *Réponse à un rapport fait à l'Académie des sciences de Paris, dans sa séance du 24 juillet 1820, brochure* in-8o. *par le même.*

L'auteur attaqué a répondu à ces six paragraphes.

Je ne puis trop engager MM. les rédacteurs dont il est question, à prendre la peine de lire les trois ouvrages, s'ils veulent juger avec connaissance de cause cette importante discussion.

Ajoutons (1) que, quand même la physique ne pourrait rendre raison des effets des paragrêles, ce ne serait pas un motif pour ne pas continuer les expériences à ce sujet. Est-il besoin de rappeler que la physique ne rend pas encore raison de la chute des pierres? Si les agriculteurs se trouvent en contradiction avec les théories des physiciens, ce ne serait pas grand miracle que l'expérience des premiers ait raison contre la science des seconds. Les jardiniers garantissaient, avec de simples abris, les plantes délicates du froid de la nuit, même dans le temps si peu éloigné de nous où la physique ne nous montrait dans leur pratique qu'un préjugé.

Si on veut consulter la Bibliothèque universelle de Genève, qui rassemble tout ce qu'on peut découvrir sur l'usage des paragrêles, on y trouvera un mémoire bien intéressant; il a pour titre:

---

(1) Le journal du Globe, no. 143.

Mémoire sur les Paragrêles, lû dans la réunion de la Société des sciences naturelles du canton de Vaud, par le professeur Chavannes.

Nous n'en donnerons qu'un extrait; mais pour plus ample instruction, il conviendra de prendre connaissance du Mémoire en entier (1).

EXTRAIT.

« Quelques-uns de nos lecteurs accueilleront peut-» être d'un sourire de pitié le simple titre de ce Mé-» moire; nous les invitons à se revêtir du doute phi-» losophique avant de prononcer, et à se rappeler » que dans l'histoire des sciences naturelles, on » rencontre plusieurs exemples de faits étranges » en apparence, dont la possibilité était niée d'em-» blée, parce qu'on ne pouvait pas les expliquer tout » d'abord, et qui n'en étaient pas moins véritables : » témoins ces pierres météoriques, auxquelles per-» sonnes ne voulait croire il y a vingt ans, et dont » personne ne doute aujourd'hui, sans qu'on en sache » plus qu'on en savait alors sur leur origine.

» Il est probable qu'à l'époque où le vénérable » Franklin élevait sur sa maison de Philadelphie des » pointes métalliques, en annonçant la prétention de » préserver ainsi sa maison du danger d'être fou-» droyée, on riait autour de lui; il persista, réussit,

(1) Bibliothèque universelle de Genève, cahier de janvier 1825.

» et les deux mondes lui doivent une grande et utile » découverte.

» Les paragrêles, nés, comme les paratonnerres, » en Amérique (1), il y a cinq à six ans, pourraient » bien recevoir le même sort; car l'analogie est » grande entre les deux appareils préservateurs, » comme elle est frappante aussi entre les deux » fléaux dont l'atmosphère renferme les germes. On » n'a pas de grêle, sans que la rupture de l'équilibre » électrique de l'air se manifeste par les signes les » plus ardens.

» Le moment est arrivé, (dit le savant auteur de » l'article que nous analysons), de porter notre at- » tention sur un sujet que nous avions cru pouvoir » reléguer dans le nombre de ces tentatives éphé- » mères, aussitôt abandonnées que conçues; le pa- » ragrêle est passé du nouveau monde dans l'ancien, » et la France et l'Italie nous offrent aujourd'hui des » preuves de son efficacité, du caractère le plus res- » pectable.

» Le paragrêle, tel qu'il a été conçu dans son ori- » gine, est formé d'une perche armée à sa supérieure » extrémité d'une tige de laiton, à cette tige vient » s'attacher une corde de paille, de froment ou de » seigle, coupée dans sa parfaite maturité, de quinze » lignes au moins de diamètre, renfermant dans son

(1) Nous ferons connaître plus bas ce qui a pu induire en erreur ce savant professeur, sur l'origine des paragrêles.

» centre un cordon de lin écru. Cette corde est tour-
» née autour de la perche, et pénètre avec elle dans
» la terre. Les points les plus élevés sont les plus
» avantageux pour y placer les paragrêles; ainsi, les
» sommets des arbres, les colines, les maisons doi-
» vent être choisis de préférence. Placés sur les mai-
» sons, ils peuvent même servir de paratonnerres;
» leur effet général consiste à soutirer, comme le fait
» le paratonnerre, l'électricité, et dès que celle-ci est
» absorbée, la grêle ne se forme plus.

» Les paragrêles ont été introduits (en Italie)
» par M. Paulo Bertrami, de Milan, et dans le
» Bolonois en partie aussi par un de nos compatrio-
» tes, dont la réputation comme agronome est euro-
» péenne, c'est le baron Crud, du canton de Vaud,
» traducteur du Thaer, auteur de l'important ouvrage
» sur l'économie de l'agriculture, et propriétaire
» d'une terre très-considérable au pied des Appenins.
» Nous transcrivons en outre sa lettre à M. le profes-
» seur Chavannes, à la date du 9 juillet dernier.

« Monsieur,

» Vous avez sans doute ouï parler des paragrêles
» essayés et recommandés par M. Tollard, professeur
» à Tarbes. (Suit la description de son appareil,
comme plus haut.) « Tant en France que dans le
» Milanais, on affirmait l'efficacité de ce moyen pré-
» servateur, et l'on s'appuyait pour cela sur des exem-
» ples frappans; cependant, des physiciens d'un mé-

» rite incontestable se réunissent pour affirmer im-
» possible l'efficacité de ce moyen.

» En mars dernier, j'eus communication d'une
» dissertation de M. Orioli, professeur de physique de
» l'Université de Bologne. Ce savant y discutait avec
» impartialité la question de l'efficacité des paragrêles,
» et plein de doute sur les succès de ceux faits avec
» des cordes de paille et de lin, il présentait cepen-
» dant beaucoup de raisons de croire qu'en substi-
» tuant à ces cordes des fils de métal, on obtiendrait
» l'effet désiré. Je trouvai moi-même tant de plausi-
» bilité à son opinion, que j'armai de paragrêles la
» moitié du domaine immédiat de la terre de Massa-
» Lombarda, (environ 1000 poses de 26,500 pieds de
» France); et comme des voisins firent la même opé-
» ration sur environ 150 autres poses, l'espace armé
» se trouvait comprendre une étendue de 1150 poses
» en un mas; pour le surplus de nos propriétés, je
» voulais attendre que l'expérience eut mieux cons-
» taté cette découverte.

» Mon habitation, placée au centre de la terre de
» Massa-Lombarda, est éloignée en moyenne de trois
» quarts de lieue de l'espace armé de paragrêles, l'at-
» mosphère qui le couvre se montre en face de mes
» croisées.

» En juin dernier il survint un orage qui, ayant
» lieu au commencement de la nuit, fournissait assez
» de facilité pour pouvoir être observé. Il me parut,
» comme à quelques personnes réunies auprès de

» moi, s'étendre au-dessus de l'espace armé; le ciel » était silonné d'éclairs, mais tous formaient une li- » gne ondulée horisontale, ou bien finissait en s'éle- » vant dans les plus hautes régions; aucune ne des- » cendait vers la terre, il semblait que les basses ré- » gions de l'atmosphère fussent réellement privées » d'électricité. Un autre jour il tomba quelques grêles » sur des propriétés contiguës aux nôtres, et le nuage » alla crêver à une lieue de là; il tomba quelques » grains de grêle mêlés à beaucoup de pluie, à quel- » ques toises en dedans de la première ligne de pa- » ragrêles, et pas en deçà.

» A deux différentes reprises nos paysans métayers » ont observé que des orages qui venaient sur eux, » lorsqu'ils approchaient de l'espace armé de para- » grêles, se séparaient en deux, et passaient en de- » hors de ce même espace.

» Tous ces indices, qui paraissaient à leurs yeux » être concluans, me semblaient établir à peine un » léger degré de probabilité en faveur des paragrêles; » mais les phénomènes qui ont eut lieu dans le bas » Bolonais, les 19 et 24 janvier dernier, me parais- » sent donner à cette probabilité une force telle, que » je croirais manquer à ma patrie, si je ne vous en » donnais pas connaissance, et si je ne vous enga- » geais à appeler le plutôt possible, dans votre utile » et intéressant Journal, l'attention de nos compa- » triotes sur cette matière.

» J'ai en conséquence l'honneur de vous adresser » le supplément au n°. 57 de la Gazette de Bologne ; » vous y verrez la relation de l'ingénieur M. J. Astolsi, » à laquelle je ne me permettrai de rien ajouter, si » ce n'est les observations nécessaires sur la construc- » tion de ses paragrêles ».

Suit la description des paragrêles, dans lesquels on a substitué à la corde paille, un fil de laiton de la grosseur d'un peu plus d'une ligne, très-pointu et prolongé jusque dans la terre par un autre fil de laiton, bien plus mince, et ne portant qu'environ une demie ligne.

« Il est peut-être superflu de dire que ces para- » grêles étant de vrais paratonnerres, mais faits avec » bien moins de précaution que ceux ordinaires, il » est prudent de les placer auprès des bâtimens, » mais pas directement au-dessus ; et qu'il faut re- » commander aux gens de la campagne de ne pas s'en » approcher trop, et surtout de ne pas les toucher » pendant les grands orages.

» Voici maintenant la traduction de ce que renfer- » mait le supplément à la Gazette de Bologne du 17 » juillet :

» Ensuite de l'idée suggérée par le professeur » F. Orioli, on a commencé à armer à Bologne, les » campagnes de paragrêles métalliques, et on atten- » tendait avec anxiété les résultats de cette expérien- » ce, lorsqu'ils se sont montrés de la manière la plus

» satisfaisante, au milieu de quelques orages que » nous avons essuyés dans l'intervalle de peu de jours.

» Voici les faits tels qu'ils sont rapportés par le doc» teur J. Astolsi, dans une lettre qu'il a adressée au » professeur Orioli :

» Le 19 juin, environ deux heures après midi, un » orage, accompagné d'éclairs et de tonnerre, s'éleva » de la partie sud de Bentivoglio, vis-à-vis Astedo; » une portion qui se dirigeait vers ce dernier endroit » forma des grêlons assez gros et en quantité plus ou » moins grande dans les campagnes situées entre la » Savanne inculte et le canal, jusqu'au Carno Guas» savillani, en se dirigeant vers l'église de Boschi.

» Dans cette région se trouvait précisément l'en» ceinte que j'ai armée de cinquante paragrêles, et il » est arrivé dans cette même circonscription, qu'entre » la première ligne de perches et la seconde, il tomba » quelques grêles, mais le dommage y fut minime, » comparé à celui qu'éprouvèrent les terres limitro» phes non armées. Dans l'espace compris entre la » seconde ligne et la troisième, on ne vit, au grand » étonnement des habitans, tomber au lieu de grêles, » que des grains de consistance de neige; ce fait me » fut confirmé, avec des circonstances tout à fait sem» blables, par tous les cultivateurs de la contrée, et » je pus les vérifier de mes propres yeux.

» Un nuage non moins effrayant parut le 24, vers » les dix heures du matin, du côté de St.-Pierre en » Casole, et se dirigeant entre le sud et l'ouest de la

» commune d'Astedo. A peine avait-il commencé à se » former, qu'il prit sa route du côté de la commune » de Macaterole, couvrant de grêles les terres au-dessus desquelles il passait; mais lorsqu'il arriva sur le » domaine du duché de Galière, d'environ dix mille » arpens, armés de paragrêles, par les soins de l'ingénieur-inspecteur Pancaldi, on ne vit plus tomber là » de grêlons, mais seulement de l'eau gelée en consistance de sel; l'orage s'avançant vers la commune » d'Altedo, se trouva entièrement compris dans la » région que j'avais armée, et chacun put voir qu'à » mesure que les orages passaient sur le terrain armé, » ils éprouvaient des mouvemens particuliers et plus » ou moins violens; qu'ils s'abaissaient considérablement, puis qu'ils se divisaient, et qu'ils s'évanouirent » à peu de distance, après avoir fourni une pluie » abondante.

» J'ai omis une circonstance que je dois rappeler. » Le nuage orageux du 19, qui avait commencé dans » le voisinage de Bentivoglio, arriva à un autre arrondissement d'environ 300 poses, appartenant à M. le » comte de Chenef, et armé par les soins de M. Joseph Monari, de Menarbio. Dans toute sa route, il » avait plus ou moins battu de la grêle les campagnes » sur lesquelles il passait; mais à peine arrivé sur celle » que nous venons de citer, il se dissipa subitement, » sans causer le moindre dommage, ni au terrain armé, ni aux contrées situées au-delà.

» On trouve, dans les lettres adressées au Gouver-
» nement, par le gonfalonier de St.-Pierre en Casalo,
» Antonio Grandi, que postérieurement au 24, il se
» forma au-dessus des propriétés de MM. Bonnetti,
» Astoli, Blanchetti, Scavani, Vittori, une ligne de
» nuages orageux qui paraissaient attirés par les
» pointes métalliques dont tous ces terrains sont ar-
» més, et ils se déchargèrent si vîte, que la classe la
» moins instruite de la population des campagnes se
» rendit à l'évidence, en voyant les nuées s'épaissir,
» s'abaisser en partie, perdre cette couleur que les
» paysans savent appartenir aux nuages à grêles, de-
» venir plus blanches, et finalement fournir une es-
» pèce de neige qui continua à tomber pendant deux
» minutes, et finit par une pluie abondante qui dura
» environ quatre minutes, après quoi tout redevint
» tranquille.

» Ces faits, et d'autres observés le long du Pô, sur
» des terres armées de paragrêles, conspirent pour
» donner de la consistance à ce nouveau procédé,
» assez du moins pour encourager les propriétaires à
» multiplier et encourager les essais. Aussi la même
» Gazette nous apprend que quatorze communes du
» Bolonois, après avoir tenu conseil, se sont décidées
» à munir de paragrêles l'étendue bien considérable
» d'une centaine de milliers d'arpens. Une expérience
» entreprise sur une aussi grande échelle, doit pro-
» curer un résultat qui, ou positif ou négatif, doit
» fixer le sort de la découverte ».

Le savant auteur dont nous donnons l'extrait le termine par une vive apostrophe à ses compatriotes du canton de Vaud, et surtout aux membres de la Société à laquelle il appartient.

« Les faits incontestables et incontestés (leur dit-il) » que je viens de mettre sous vos yeux, sont dignes » d'attirer votre attention la plus sérieuse ; chaque » année nous sommes frappés d'une manière plus ou » moins sensible....... N'y aurait-il pas une apathie » bien coupable chez ceux de nos propriétaires que » leur position appelle à donner l'exemple, s'ils se re- » fusaient à l'essai d'un moyen aussi simple, aussi » peu coûteux que celui qui nous est indiqué ?...... » On l'a vu, 150 francs de Suisse de dépense, ont con- » servé 1500 poses de terrain !.....

» Le succès fut-il moins assuré qu'il ne le paraît, » n'offrit-il qu'une chance douteuse, il n'est aucun » des intéressés qui ne dût hasarder volontiers une » perche et quelques pieds de fils de laiton pour para- » grêler son domaine. Ce n'est donc pas la résistence » de l'individu que je crains, c'est l'inertie de la » masse ; et il faut qu'elle agisse pour que l'effet soit » produit ; il faut qu'un arrondissement entier de » propriétaires se ligue contre l'ennemi commun ; » cet accord ne peut s'obtenir chez nous, qu'autant » que tous les hommes influens agiront de concert » pour le rendre général...... Nous n'avons que la » persuasion ; mais si nous pouvons attirer l'atten- » tion de quelques-uns de ces hommes qui veulent le

» bien, qui savent se mettre en mouvement pour le
» faire, (et il en est sur tous les points de notre heu-
» reux pays), la cause sera gagnée; et je dis que si
» les hommes dont l'exemple peut être de quelque
» poids, c'est-à-dire, non seulement les grands pro-
» priétaires, mais surtout les membres des Associa-
» tions qui ont pour but les progrès de notre agricul-
» ture, si ces hommes-là veulent agir, nous pouvons
» espérer que le printemps prochain, le nombre des
» paragrêles élevés sur divers points de notre canton,
» sera suffisant pour nous mettre à même de porter
» un jugement positif sur le mérite de la découverte
» dont je viens de vous entretenir ».

A la suite du Mémoire dont on vient de lire l'extrait, la Société a pris l'arrêté suivant :

« La Société des sciences naturelles du canton de
» Vaud, estimant que le Mémoire de M. Chavannes,
» mérite la plus sérieuse attention, décide,

» 1°. Que M. le Rédacteur de la Feuille du canton
» de Vaud, sera invité à le publier le plutôt que faire
» se pourra;

» 2°. Que M. le Président de la Société en adres-
» sera un exemplaire au conseil d'Etat, avec prière
» de vouloir bien prendre les mesures qu'il jugera
» dans sa sagesse, les plus convenables, pour qu'un
» essai de paragrêles puisse être fait dès l'année pro-
» chaine, sur divers points du canton, dans une
» quantité suffisante, et avec les précautions néces-

» saires, pour que l'expérience ne laisse point de » doute sur l'utilité ou l'inutilité du moyen proposé ;

» 3o. Qu'un exemplaire sera de même adressé, au » nom de la Société, à MM. les Présidens de diverses » Sociétés de vignes et d'agriculture du canton.

» Nous ajouterons que le zèle louable de la Société » du canton de Vaud, pour se procurer les lumières » de l'expérience sur un objet d'un si grand intérêt » pour les agriculteurs, l'a engagée a adresser à celle » du canton limitrophe de Genêve, l'invitation de » prendre de son côté telles mesures qui pourraient » concourir au but indiqué. Celle-ci, accueillant la » proposition, a fait choix parmi les membres, d'une » commission principalement composée de proprié- » taires, et chargée d'examiner et de rapporter ».

Enfin, la découverte des parafoudres et des paragrêles en cordes de paille est aujourd'hui la pomme de discorde jettée au milieu des savans ; car tandis que quelques-uns, (et ils ne sont pas les plus nombreux), repoussent de toute leur influence ce préservatif assuré de nos récoltes, les autres au contraire s'obstinent à le considérer comme un remède certain et que les Nations appellent de tous leurs vœux.

C'était bien ici l'occasion, de citer les succès qu'obtient journellement cette découverte, d'abord sur une partie de la France, éloignée de la sphère d'influence des savans de l'Institut, tels que les départemens des Hautes-Pyrennées, du Rhône, de la Marne, du Doubs, enfin toute la Suisse, toute l'Italie, la Lombardie, l'Allemagne, la Prusse, et aussi les Etats unis d'Amérique septentrionale.

Cette découverte a cela de particulier et de surprenant : c'est que tandis que les uns emploient les raisonnemens les plus spécieux pour la combattre, les autres au contraire s'efforcent de se l'attribuer sous différentes formes.

N'a-t-on pas vu qu'aussitôt qu'elle fut préconisée dans les Hautes-Pyrennées, on ne tarda pas à chercher à la modifier, en indiquant que pour rendre ses résultats plus certains, il fallait faire entrer dans la composition des cordes de paille, un noyau de corde de lin.

Je me suis déjà expliqué sur cette innovation, en faisant connaître que c'est diminuer l'absolue conductibilité de la paille, que de lui associer un noyau de corde de lin, corps infiniment moins bon conducteur de la foudre, et par sa nature susceptible de pourrir bien promptement, à cause de l'humidité qu'il ne manquera point d'attirer et de conserver dans le centre d'une corde de paille, dont l'expérience journalière fixe la durée de 24 à 30 ans. Quelqu'ait été le motif de cette addition, les auteurs ne seront pas long-temps à s'en repentir : ils ont voulu sans doute rendre ces paragrêles plus énergiques, et ils en ont considérablement diminué la vertu.

D'ailleurs il existe une raison sans réplique contre ce changement ; c'est que la paille possède exclusivement cette propriété, dont le lin écru ou préparé est privé. Parmi une multitude d'expériences qui viendraient à l'appui de mon assertion, je ne veux en citer qu'une seule, c'est le phénomène qui se présente en tems d'orages, lorsqu'on sonne les cloches dans les campagnes; Combien de malheureux sonneurs, ont été les victimes de cette pratique basée sur d'anciens préjugés.

Sans doute, la foudre est attirée du nuage orageux, par la vibration de l'air, occasionnée par le mouvement des cloches; mais alors que veut ce météore? Il est évident qu'il veut regagner la terre, qui se trouve par l'effet de l'orage, hors de son équilibre électrique. Pourquoi choisit-il de préférence la corde du sonneur? C'est parce qu'elle est le meilleur conducteur qui se présente pour le moment; mais malheureusement ce chemin ne peut le conduire que jusqu'à la main du sonneur : or, cet individu est un très-mauvais conducteur; cependant comme il est près de la terre, le fluide électrique le traverse sans se déranger de sa course, et le transperce en le foudroyant.

Voilà bien une preuve que la corde de la cloche est conductrice de la foudre; mais il n'en est pas de même du corps de la victime. Puisque nous sommes tous de mauvais conducteurs de la foudre, il n'est donc pas étonnant que le sonneur ait été foudroyé.

Il en serait arrivé tout autrement, si cette corde eut joui de la même conductibilité que la paille, la foudre se serait subdivisée à l'infini, pendant le trajet, et arrivée aux bras du sonneur, elle aurait continuée sa route par son corps, et aurait pénétré dans la terre, sans lui faire éprouver la moindre commotion.

Cet accident grave n'aura plus lieu, si au haut de la corde de la cloche on y fixe un bout de corde de paille.

La propriété découverte depuis peu dans la paille, de subdiviser la foudre qui la traverse l'appelle à jouer un grand rôle dans les phénomènes électriques. Je la ferai voir incessamment, sapant par sa base tout l'échafaudage scientifique, qui, en ôtant au fluide électrique sa simplicité naturelle, en a rendu l'étude aussi obscure que difficile.

J'ai fait observer quelque part, qu'il n'est pas nécessaire que ce chemin de paille soit aussi long que la corde du sonneur, pour opérer sûrement le rétablissement de l'équilibre, puisqu'un tronçon de corde de paille, n'eût-il qu'un pouce de longueur, suffit pour décharger une jarre la plus fortement remplie de fluide électrique, sans que celui qui le tient puisse s'apercevoir que son corps vient de servir à la foudre de chemin pour regagner la terre ? Eh ! comment une expérience aussi simple et aussi concluante n'ouvre-t-elle pas les yeux à ceux qui ont imaginé de faire quelques changemens à la corde de paille des paragrêles !

D'autres savants agriculteurs ont pensé que l'on pouvait avec grand avantage supprimer la corde de paille des paragrêles, pour lui substituer un fil de laiton. Sans doute par cette substitution ils ont cru obtenir plus de vertu conductrice ; mais s'ils avaient été à même de connaître mes motifs de préférence, ils auraient vu que les métaux ne sont pas, d'après des expériences toutes récentes, les corps qui conduisent le plus facilement le fluide électrique ; ils se seraient, au contraire, convaincus que la paille l'emporte sur toutes les substances jusqu'à présent, réputées les conducteurs les plus énergiques. Quand j'ai fait mes expériences à cet égard, j'ai eu grand soin de signaler particulièrement les corps qui pouvaient le mieux remplacer le fer dans la construction des paratonnerres ; au nombre de ceux qui m'ont paru les plus propres à cet usage, j'ai indiqué le chanvre, le lin, la sparte, l'écorce de tilleul, le bois blanc et la paille, et lorsque j'ai dû porter mon choix sur l'une ou l'autre de ces substances, les expériences les plus concluantes m'ont désigné la paille comme devant occuper le 1er. rang dans l'échelle des conducteurs de l'électricité ; sa vertu conductrice est tellement prononcée, qu'elle l'emporte sur les métaux. De toutes les expériences qui ont déterminé mon choix, je n'en citerai qu'une et certes, elle doit convaincre les plus incrédules.

La voici :

Qu'on présente une chaîne de fer qui plonge au fond d'un puits à la plus forte bouteille de Leyde, chargée à une machine électrique ; certainement cette chaîne qui plonge dans l'eau, offre, d'après les idées reçues, le chemin le plus facile au fluide électrique emprisonné dans l'appareil, pour se rendre au centre de la terre son séjour de prédilection : eh bien, ce ne sera qu'après avoir touché successivement huit à dix fois l'armure interne de la bouteille de Leyde, que l'on parviendra à la vuider complètement.

Malgré l'opinion de mes adversaires il est donc constant, que les métaux ne sont pas les routes les plus faciles qu'on puisse offrir à l'électricité pour débarrasser de sa présence l'athmosphère, lorsqu'elle en est surchargée, au point de donner naissance au phénomène que nous désignons vulgairement par le nom de foudre ou tonnerre.

Si au contraire la bouteille de Leyde, étant également, même plus fortement chargée que ci-dessus, on présente à l'armure interne un bout de corde de paille, n'eut-il qu'un pouce de longueur, un seul attouchement suffira pour faire écouler toute l'électricité que cette bouteille renferme, sans autre condition que la communication bien intime avec la terre de la personne qui opère ; il n'est pas nécessaire de présenter à la corde un amas d'eau, comme on le fait à la chaîne de fer, pour engager le fluide électrique à sortir de sa demeure, ce fluide ne prend d'autre voie pour se rendre à la terre, que le morceau de corde de paille que lui présente l'opérateur et la substance même de son corps, sans que celui-ci éprouve le plus léger ressentiment pendant que l'électricité le transperce.

Il ne faut pas que la corde pénètre dans la terre pour lui rendre l'électricité dont elle se trouve surchargée. Que l'on consulte, pour s'en assurer, le premier Supplément de mon Traité des Parafoudres : la corde de paille n'a donc pas l'occasion de pourrir, comme ne manquerait pas de le faire le fil de laiton.

Cette expérience que j'indique ici avec tous ses détails, je la répete souvent en présence des partisans de la vertu conductrice que possèdent les métaux, et ce n'est jamais sans leur faire éprouver un sentiment d'étonnement et d'admiration.

Ainsi, lorsqu'on fait porter par une perche de bois blanc, une pointe de laiton bien effilée, de la grosseur de deux lignes environ, et qu'on la prolonge dans la terre à une petite profondeur par un fil de laiton d'une plus petite dimention, on a converti cette perche en un véritable paratonnerre; mais il faut observer que ce paratonnerre est vicieux; j'en ai déjà parlé à plusieurs reprises, et le dernier rapport de l'Institut ne fait que confirmer ce que j'ai avancé (1).

La foudre qui arrive à la barre ascendante d'un paratonnerre a toujours une grosseur assez forte, comme de huit à douze lignes, et il ne faut pas moins que cette

(1) *Extrait du Rapport de l'Institut*, (*page* 260). La matière électrique éprouve aussi plus de résistance pour passer dans un conducteur d'un petit diamètre.

Le meilleur conducteur pour la matière électrique, est celui qui, en somme, lui offre le moins de résistance et qu'elle parcourt avec la plus grande vitesse.

capacité pour défendre l'appareil de l'action du fluide, auquel il doit servir de chemin pour se rendre à la terre; si la grosseur de la barre était moindre, la foudre pourrait la faire rougir et la fondre (1).

Les paragrêles dont on a supprimé la corde de paille, pour la remplacer par un fil de laiton, sont donc des instrumens dangereux : car, toutes les fois qu'une nuée d'orage pourra s'en approcher d'assez près, la foudre qui les traversera exercera son action sur le fil de laiton, son effet sera de le rougir, de le fondre, d'opérer une solution de continuité à la route métallique qui lui est offerte ; le résultat sera de foudroyer l'apareil avec toutes les circonstances qui accompagnent la chûte du tonnerre, et de livrer tout un territoire à la fureur du fléau que l'on voulait éviter.

Ce n'est donc pas sans raison que les auteurs de cette innovation aux paragrêles en corde de paille, recommandent d'éviter soigneusement le contact de ces mauvais paragrêles, et même de se tenir à une distance assez grande d'un point qui offre autant de danger. Il ne faudrait qu'un accident de cette nature pour allarmer les cultivateurs, les déterminer à rejetter pour toujours un préservatif bien assuré,

---

(1) *Extrait du même Rapport*, (*page* 278). La foudre est toujours accompagnée de chaleur; elle rougit, elle fond, et volatilise les conducteurs métalliques d'un petit diamètre; il sera donc très-imprudent de se servir de conducteurs minces, pour diriger la foudre vers la terre.

mais qui n'est encore rien moins qu'adopté, et refroidir le zèle qui existe maintenant partout pour mettre des bornes aux orages, et aux avalanches qui fatiguent tant de pays chaque année.

On n'a pas à craindre les mêmes malheurs en se servant des paragrêles en cordes de paille; puisque la corde de cet appareil, chose bien remarquable et dont il est important de se bien pénétrer, pourrait se terminer dans la main d'un homme, et rétablir l'équilibre électrique, quoiqu'aucun phénomène ne marquât son arrivée, son séjour et sa sortie : il suffit à ce fluide de pénétrer la corde pour se subdiviser à l'infini et perdre toutes ses propriétés, qu'il ne recouvre que par des circonstances que l'on fait naître à volonté. Or, ce nouvel état du fluide était inconnu avant moi.

Ainsi qu'aura-t-on gagné à ce changement dans la composition des paragrêles en cordes de paille ? seulement, d'avoir offert à la foudre un chemin tout métallique, et qu'il n'est pas encore certain qu'elle voudra parcourir en son entier ; car, si en parcourant le faible fil de laiton qui forme son seul chemin, elle le met en fusion, voilà sa marche interrompue, et il est presque certain qu'elle ne gagnera pas la terre. Qui pourrait répondre, dans cette fâcheuse circonstance, que la foudre ne se portera pas à gauche ou à droite, en foudroyant tout ce qui sera sur son passage ? C'est ce que l'on voit fréquemment arriver, lorsque la foudre frappe un édifice, en suivant les fils d'archal des sonnettes et les plombs des vîtraux qui se trouvent sur son passage.

Si on n'a pas encore à gémir sur un pareil événement, il faut l'attribuer à ce qu'aucun nuage porte-foudre ne se sera pas assez raproché pour l'opérer.

Nous pouvons facilement mettre en fusion un fil de fer, en le présentant comme chemin d'écoulement à la décharge d'une petite bouteille de Leyde; combien donc n'avons-nous pas à craindre de voir arriver un pareil événement à l'approche d'un nuage orageux, d'une certaine importance ?

Les paragrêles métalliques, dans de si petites proportions, n'offriront jamais aux cultivateurs un asile assuré en cas d'orage, et c'est avec grande raison qu'on les prévient que pendant ces momens il est important de s'en éloigner, s'ils ne veulent pas courir le risque d'être foudroyés.

L'érection des paragrêles en cordes de paille, ainsi que je les ai proposés et qu'ils s'exécutent déjà dans bien des pays, n'offrent aucuns de ces dangers, et même, pendant les orages, les cultivateurs peuvent être dans la plus entière sécurité, toutes les fois qu'ils s'en approcheront, ils peuvent même les tenir dans la main.

Je suis bien éloigné d'accuser les auteurs qui ont introduit dans la construction des paragrêles, des fils métalliques : je ne puis voir dans ce changement qu'un ardent désir d'ajouter à cette découverte un perfectionnement. Ils ont cru qu'en les rapprochant de la composition des paratonnerres, il leur donneraient le moyen d'exercer une plus grande influence sur les orages; mais les détails dans lesquels je viens d'entrer, doivent suffire pour les convaincre de tous les dangers qu'ainsi modifiés les paragrêles métalliques entraînent à leur suite. On ne peut donc trop insister sur les accidens qui pourraient résulter de cette fausse direction donnée à ces appareils; et à cet égard, le lecteur impartial pardonnera les répétitions que j'ai cru pouvoir me permettre, attendu qu'en raison de la nouveauté de cette matière, je regarde comme essentiel de rappeler souvent l'attention sur l'importance du sujet qui occupe aujourd'hui les méditations de tous les amis de la prospérité de leur pays.

S'il fallait en croire certains journaux de la Suisse, la découverte des parafoudres et des paragrêles en cordes de paille datterait de cinq à six ans, et elle aurait été faite dans l'Amérique septentrionale. Ce qui a pû donner à cette assertion une apparence de vérité, c'est que, lorsqu'en 1820 j'ai fait imprimer mon ouvrage, j'ai cru faire une chose utile d'en envoyer, aussitôt sorti de la presse, des exemplaires à Philadelphie : c'est un hommage que je devais à la patrie du grand homme qui a inventé les paratonnerres métalliques.

J'ai senti que la publication d'un ouvrage qui promettait au pays natal des paratonnerres, de nouvelles lumières en lui offrant un précis d'expériences neuves, et qui donnaient, par leur extrême simplicité des moyens précieux de mettre la dernière main au travail qu'avait laissé à sa patrie le premier physicien du nouveau monde, devait produire un grand effet, je n'ai point été trompé dans mon attente.

Cet ouvrage n'a point trouvé comme en France, une opposition formée par des savans recommandables, et qu'il ait fallu combattre avec la même persévérance; ce travail n'y a point trouvé de préjugé contre une pratique avec laquelle les habitans étaient depuis long-tems familiarisés, à laquelle ils aspiraient plus que nous, de voir quelques physiciens ajouter ce qu'il lui manquait : aussi, fut-il accueilli avec l'entousiasme du besoin qui le faisait désirer depuis si long-temps. Il n'est donc pas étonnant que le mouvement qu'il a imprimé à ce pays, ait paru, aux voyageurs qui y auront pénétrés le résultat d'une découverte qui venait de se faire à la suite de celle faite précédemment par l'illustre habitant de cette belle république; en effet, ce pays possédait le principe de la découverte, elle avait reçu dès sa naissance, toute l'exécution qu'il avait été possible de lui donner, mais faute de fer, elle était réstée, comme en France, d'une usage borné.

Il est une considétion qu'il ne faut pas perdre de vue un seul instant, c'est que pour amener tous les peuples à adopter l'usage des paragrêles en cordes de paille comme le préservatif le plus simple, le moins dispendieux et le plus efficace, il est indispensable de leur faire sentir toute l'influence que doivent exercer sur la destruction des nuages orageux, les pointes métalliques dont est armée l'extrémité supérieure des paragrêles, et aussi de les éclairer sur la nature de ces nuages; pour remplir ce double but avec toute la précision que demande un objet aussi important, et au risque de répéter ce que j'ai si souvent dit, je crois devoir exposer tout succintement le méchanisme très-imposant de la formation des orages, de la foudre et de la grêle, renvoyant à mon Traité des Parafoudres, etc., pour plus amples instructions.

Lorsque la végétation s'opère au milieu d'une température qui n'est élevée que de 12 à 15 degrés du thermomètre de Réaumur, l'électricité n'étant pas provoquée par un excès de feu, ne fournit à cette opération de la nature que le contingent justement nécessaire. La partie du fluide électrique combinée avec l'eau de végétation, en est sécrétée en si petite quantité à-la-fois, que, versée dans l'athmosphère, elle n'y fait aucune sensation, parce que la terre a fourni trop peu de fluide pour se trouver dans un état d'épuisement; aussi, pendant les saisons semblables, voit-on rarement des orages, rarement remarque-t-on des symptômes de rupture d'équilibre, parce qu'à peine sécrétée, l'électricité retourne à la terre, sans qu'aucun phénomène se soit manifesté; mais la chose se passe tout autrement, lorsque la végétation s'établit sous l'influence d'une température plus élevée comme de 15 à 20 degrés.

C'est toujours le matin que les nuages orageux se

forment par l'abondante sécrétion des plantes ; ils ne laissent pas ordinairement écouler la journée, qu'ils n'aient rendu à la terre leur électricité, tantôt sous la forme d'une multitude d'éclairs, tantôt sous celle de la foudre, tantôt enfin par un déluge de grêle et d'eau.

Il n'est pas rare de voir cette suite de nuages demeurer sur l'horizon, pendant un tems plus ou moins considérable, et menacer en même tems de ses ravages, une étendue de pays très-considérable. S'il ne survient pas de vent, l'orage peut se prolonger fort avant dans la nuit ; mais s'il s'en élève, tout est aussitôt dispersé. Dans ce dernier cas, chacun de ces nuages poussé sur les forêts, ou lancé contre des hauteurs, se désaisit du fluide qu'il recèle en excès, et contribue par-là au rétablissement de l'équilibre ; mais toujours ce rétablissemont est accompagné de pluie plus au moins abondante.

Telle est, pendant les beaux jours d'Été, et telle sera la position du ciel, tant que la terre ne sera pas couverte de paragrêles ; mais une fois cette pratique généralement adoptée, ce règne de terreur et de désolation disparaîtra totalement. Cet instant si désiré arrivé ; les plantes exposées à une haute température, n'en sécréteront pas moins l'énorme quantité de gaz qui était destinée à former au haut de l'horizon ces chaînes de nuages orageux ; mais alors ce météore naissant ne pourra dépasser la hauteur des extrémités des paragrêles, parce que toutes les pointes métalliques dont ils sont armés, offriront au fluide électrique une multitude de chemins qu'il saisira aussitôt pour regagner la terre qu'il avait déserté dès le matin. Dès qu'il aura abandonné l'eau dont ce gaz orageux est formé, celle-ci retombera sur les plantes sous la forme d'une vapeur insensible, et dans le moment où la chaleur du jour rendra bien précieuse pour le sol cette réparation.

Par tout ce qui se passe sur les pays où les paragrêles sont en usage, on voit la formation des orages devenir absolument impossible, et alors plus de foudre ni de grêle. Si on y observe encore des nuées d'orages qui les traversent, ou qui viennent s'y résoudre en pluie avec plus ou moins de tumulte et d'abondance, ces nuages n'ont point pris naissance sur le sol qu'ils viennent inonder, ils ont été formés sur des contrées lointaines, et où les paragrêles ne sont pas en usage, ils ont été amenés par les vents et pendant leur passage, ils rendent aux tiges des paragrêles, l'électricité qui les constituent nuages orageux, et rétablissent ainsi l'équilibre interrompu.

La même considération est applicable à ces avalanches résultat de la fonte des neiges amassées au sommet des montagnes, qui amènent à leur pied ces torrens impétueux que viennent souvent compliquer des nuages orageux, et qui inondent par fois des vastes contrées, au point d'y rendre impraticable toute espèce de culture, tandis que ces distributions si brusques et si inégales, condamnent des pays voisins à une stérilité tout aussi redoutable.

Ce sera alors et seulement alors, que chaque point de la terre, exposé aux influences du soleil, conservera les eaux que sa présence enlève aux plantes, pour les transformer en gaz orageux; ces eaux ne leur seront plus ravies par les vents qui en font si souvent des distributions si désastreuses; et alors, les nuages à pluies auront pour unique fonction, celle de porter les eaux sur toutes les surfaces, même sur celles où les arrosemens sont impraticables.

Sans doute on sait qu'il est des savans qui aimeraient à devoir cette découverte à l'Amérique septentrionale, puisqu'ils ne peuvent faire croire maintenant qu'elle ait été conçue par eux; mais quels que soient les moyens qu'emploiera cette manie détestable pour accréditer cette assertion, il est un fait, et il est constant: cette découverte n'a point pris naissance dans l'ombre, les travaux qui y ont conduit ont eu assez de publicité, tous les amis de leur pays, tous ceux qui s'intéressent réellement à la prospérité de notre agriculture, peuvent dire que cette découverte des parafoudres et des paragrêles en cordes de paille, appartient à la France; et qu'elle a pris naissance dans la ville d'Amiens; mais comme la vérité est éternelle, elle rentrera un jour sur son sol natal, à la honte de ceux qui l'en avait expulsée.

Si nous considérons avec attention ce qui se passe aujourd'hui en Suisse, où les paragrêles ont pris une grande faveur, nous verrons qu'ordinairement, pendant les orages qui traversent les territoires armés de paragrêles, on ne remarque plus de grêles; seulement on voit encore tomber çà et là des grêlons d'une matière blanchâtre peu consistante, auxquels succède une espèce de neige fondue; ce résultat est une preuve évidente que les paragrêles sont très-défectueux, puisqu'ils ne conduisent pas la totalité du fluide électrique des nuages orageux dans la terre, et cela parce qu'ils ne sont construits qu'en fil de laiton. Bien certainement, tôt ou tard, ils produiront des accidens plus ou moins graves, si on ne se hâte d'en changer la construction, en adoptant exclusivement les cordes de paille.

Ces cordes n'ont pas besoin de pénétrer dans la terre avec leur tuteur, comme cela est indispensable lorsque les paragrêles sont faits avec des barres de fer. Il n'est même pas nécessaire de laisser pendre ces cordes jusque sur la surface du sol, pour qu'elles produisent leur effet; car il n'y en aurait qu'une très-petite longeur attachée au tuteur de bois blanc, qu'elle suffirait pour opérer la division de la foudre, de manière à la rendre absolument sans effet. Cette rare propriété, *la paille* la possède exclusivement.

Que peut-on trouver de plus certain et de plus commode que des paragrêles ainsi construits? A l'appui de cette assertion, n'ai-je pas fait voir qu'à l'aide d'un bout de corde de paille, on parvient à rendre à la terre une énorme quantité de fluide électrique accumulé dans une très-forte jarre; certes, on ne parviendra pas à produire le même effet, en employant à cette expérience des barres métalliques ; et à bien plus forte raison, si on ne se sert pour conducteur que d'un simple fil de laiton.

C'est cette propriété si inconcevable de la paille, et que ne possèdent point les substances métalliques, qui m'a déterminé dans le choix de l'épigraphe que j'ai placé en tête de mon Traité des Parafoudres et Paragrêles en cordes de paille. En effet, mon choix n'est-il pas légitimé par l'expérience, lorsque me plaçant sur un isoloir, en présence de la plus grande jarre que l'on trouve dans les cabinets de physique, à l'aide d'une corde de paille, j'appelle dans la main tout le fluide électrique qu'elle recèle ? La foudre n'obéit-elle pas à ma voix, lorsqu'il dépend de moi, de ma volonté, de foudroyer un individu, ou de déposer le fluide électrique dans une autre jarre placée à ma proximité (1) ? Et quand le premier j'ai annoncé cette étonnante propriété, était-il raisonnable de ne voir dans mon mode d'opérer, qu'orgueil et ambition ?

Quelles que soient donc les recherches que l'on fera pour découvrir le moyen d'affranchir la société des trois grands fléaux qui pèsent sur elle, (les orages, la foudre et la grêle), on n'en rencontrera pas de plus efficace que le fer et la paille.

Le premier, converti en barres de sept à huit lignes de grosseur au moins ; mais, à raison de la rareté, il sera toujours insuffisant pour les besoins ;

(1) Traité des Parafoudres, etc., page 205.

La seconde, toujours d'une valeur presque nulle, d'une durée que l'on peut prolonger au-delà de vingt à trente ans.

Peut-on hésiter sur le choix ?

J'ai disserté assez longuement sur la nature des parafoudres et des paragrêles en cordes de pailles, et sur l'influence qu'ils sont destinés à exercer sur la décomposition des nuages orageux, afin d'empêcher dans leur sein la formation de la foudre et de la grêle. J'ai établi, dans mon ouvrage sur les Paragrêles, les moyens de placer avec le plus d'avantage ces appareils préservateurs ; mais les lecteurs qui n'ont aucune connaissance de ce travail verront, sans doute avec un vif intérêt, répéter dans cette Notice ce qui a déjà été exposé.

Ce n'est pas assez d'avoir démontré la possibilité de faire disparaître pour toujours et sur toute la surface de la France, un fléau qui tient les cultivateurs dans des inquiétudes continuelles, et dont rien, jusqu'à présent, ne pouvait les délivrer, je dois encore proposer des moyens d'exécution.

Les Paragrêles que je viens de proposer, sur la nature desquels il ne me reste rien à dire, deviendraient inutiles, si le sol n'en était pas armé partout et en même temps. Peut-on assez compter sur les propriétaires territoriaux, pour leur en confier l'exécution ?

C'est donc au Gouvernement qu'il appartient de prendre des mesures pour qu'à une époque fixée, toutes les communes aient établi un nombre de paragrêles proportionné à l'étendue de leur territoire.

La somme à laquelle s'élévera la dépense pour la construction de chaque appareil, ne sera pas de deux sous par arpent, puisqu'un seul paragrêle, suffisant pour une surface de soixante arpens, ne coûtera que cinq fr., et que le renouvellement ne devra avoir lieu qu'à peu-près tous les vingt ans.

Cette dépense se réduit donc presqu'à rien; et, quel serait le propriétaire qui se refuserait à en payer sa part ?

Mais, afin de régulariser cette opération importante, il conviendrait de la confier aux Municipalités, qui seraient chargées de faire confectionner le nombre d'appareils jugés nécessaires, suivant l'étendue de leur territoire. Ces appareils seraient placés aux lieux qu'indiquerait l'arpenteur de la commune; les frais seraient avancés par le percepteur, qui en serait remboursé le plus promptement possible, sur un rôle que le maire serait autorisé à établir *ad hoc*.

Chaque Municipalité trouvera bien facilement à sa portée le nombre de perches nécessaires. Quant aux cordes de paille, quelle serait la commune où on ne trouverait pas un cordier pour les fabriquer d'après les modèles que le Gouvernement ferait parvenir ?

Lorsque le territoire français aura été armé de paragrêles, la formation des nuages orageux deviendra impossible; cependant, jusqu'à ce que le Gouvernement ait pu persuader aux puissances limitrophes de prendre les mêmes mesures, il conviendra de conserver un peu moins d'espace entre les paragrêles des deux dernières lignes qui bordent la frontière, et même de les tenir sensiblement plus élevé : cette disposition aura pour résultat de détruire à leur passage les nuées orageuses qui se seraient formées sur le territoire voisin, ou qui y auraient été amenées par les vents.

Les mêmes précautions deviennent indispensables pour les trois dernières lignes de paragrêles qui bordent le rivage de la mer.

RÉSUMÉ.

En remontant à l'origine de la découverte des parafoudres et des paragrêles en cordes de paille, on se convaincra facilement que l'Amérique n'avait rien fait à cet égard avant 1820, et que vouloir en faire honneur à cette contrée, pour en dépouiller l'Europe sa patrie, ce serait être par trop généreux : en effet, sa publication date de 1820, et aussitôt que l'ouvrage qui l'annonçait fut imprimé, l'Institut de France voulut l'examiner, s'en fit faire un rapport, dans lequel ses commissaires lui dirent que, *la méthode nouvelle ne méritait pas de fixer son attention.* Une décision aussi extraordinaire et aussi inconsidérée, nécessita une réponse de la part de l'auteur ; cette réponse provoqua un second rapport à l'Institut, et ce fut le savant Biot, qui voulut bien se charger de la défense des principes du corps.

Dans ce travail, ce célèbre physicien n'a pas craint de faire quelques avœux, que les lecteurs auront trouvés sans doute bien indiscrets; sa franchise a donné beau jeu à l'auteur attaqué, qui a examiné et discuté l'un après l'autre ses six paragraphes, de manière à mettre la partie éclairée du public en état d'en apprécier la valeur.

Pendant ces discussions, des exemplaires de l'ouvrage traversaient les mers et arrivaient dans l'Amérique septentrionale, où la découverte fut accueillie comme elle devait l'être par un peuple qui ne pouvait pas y être indifférent.

Le département des Hautes-Pyrennées fut le premier à adopter ces principes nouveaux.

Un physicien ardent (le professeur Tollard), à Tarbes, dirigea les premiers essais, et son pays dût à son grand savoir et à sa grande activité, d'être délivré des orages fréquens qui ruinaient cette belle contrée. Les papiers publics ont retenti des succès éclatans de ses expériences. C'est ainsi qu'il s'exprime dans un petit ouvrage qu'il a publié à ce sujet (1) :

« Les vœux plusieurs fois exprimés par des pro-
» priétaires recommandables du département des
» Hautes-Pyrennées, et le désir de me rendre utile à
» la société, m'engagent à propager les observations
» que *M. Lapostolle, professeur de physique à*

---

(1) Moyens préservatifs de la Foudre et de la Grêle, par E. Tollard, à Tarbes, chez Lugorrigue, 1822.

» *Amiens*, a faites sur les moyens préservatifs de la » foudre et de la grêle, etc.

» Et pour mettre à la portée de tout le monde les » observations de ce chimiste, je les dépouillerai des » longs développemens et de l'appareil scientifique » qui les accompagnent dans son ouvrage ».

Les savans de l'Italie se lient de correspondance avec le professeur de Tarbes, relativement à cette découverte, ainsi qu'on le voit par une lettre de l'un de ces honorables philantropes, le célèbre Beltrami, de Milan, qui prouve ses connaissances profondes en physique. Il va faire ressentir à l'Italie, sa patrie, les heureux effets de la découverte des parafoudres et des paragrêles en cordes de paille, *qui honore le dix-neuvième siècle*.

« Je fais préparer, dit-il dans sa lettre du 10 oc- » tobre, quelques milliers de cordes de paille, et plu- » sieurs de mes amis, poussés par mon exemple, en » feront autant. Ainsi, le département des Hautes- » Pyrennées aura donné l'élan à des provinces éloi- » gnées, qui apprendront à dérober le fluide électri- » que aux nuages orageux ».

Dans une autre lettre au même professeur, ce savant s'exprime ainsi :

« Je vous dois mille remerciemens de l'envoi que » vous m'avez fait d'un rapport circonstancié sur » votre expérience de paragrêles pendant l'année » 1822. J'ai non-seulement fait insérer ce rapport » dans le Journal des Arts, du Commerce et de

» l'Agriculture, mais j'y ai joint un opuscule pour » propager l'établissement des paragrêles en cordes » de paille dans toute l'Italie.

» Cet opuscule a été reçu avec enthousiasme, et il » s'est répandu avec la rapidité de l'éclair; il en est à » sa quatrième édition, et il a été réimprimé à Flo- » rence, à Sienne, et dans beaucoup de provinces de » la Lombardie; et dans ce moment il y a plus de cent » établissemens de paragrêles, etc., etc.

» La grêle, cette année, a occasionné de grands » ravages dans toutes les provinces de la Lombardie; » mais tous les points armés de paragrêles ont été » préservés comme par miracle, etc., etc. »

Signé BELTRAMI, *Prévôt de Milan.*

La découverte pénètre dans l'Allemagne, la Prusse, parcourt toute la Suisse, et c'est dans ces pays que les paragrêles éprouvent des modifications qui les rendent d'un usage entièrement dangereux, et cela, par la substitution d'un fil de laiton à la corde de paille.

Espérons qu'elle ne tardera pas à rentrer sur son sol natal; déjà nous la voyons pénétrer en France par les départemens du Doubs, du Rhône et de la Marne, où l'on s'en occupe sérieusement.

D'après cet exposé, il est certain que la découverte des parafoudres et des paragrêles en cordes de paille n'a pas été contestée à son auteur, tant que, sur la parole de quelques savans, membres de l'Institut, on l'a regardée comme une rêverie qui ne méritait aucune attention; que l'on ne s'est avisé d'en faire honneur à l'Amérique septentrionale que depuis que des expériences multipliées et partout couronnées de succès, ont prouvé qu'elle pouvait avoir une importance à laquelle on n'avait pas voulu croire d'abord.

Si, comme tout nous autorise aujourd'hui à en concevoir l'espérance, elle doit bientôt mettre nos habitations à l'abri des ravages de la foudre, et nos champs de ceux de la grêle, elle appartiendra à la ville d'Amiens, comme

La découverte du levier à Archimède;

Celle des voyages de notre planète autour du soleil, à Galilée;

La connaissance de la circulation du sang à Harvey;

Celle de la bouteille de Leyde, à Muschenbroock;

Les heureuses applications de la pomme de terre au régime alimentaire, à Parmentier, dont les services moins brillans peut-être, ne sont ni moins réels ni moins utiles;

A Franklin, enfin, l'invention des paratonnerres métalliques, que je me ferai toujours un devoir de proclamer comme la source de tout le bien que pourront faire les paratonnerres et les paragrêles, de quelque matière qu'on les compose.

Nota. Lorsque je me suis élevé, page 9 de ce Supplément, contre l'indication consignée dans le rapport de l'Institut, de diminuer la capacité des tiges métalliques des paratonnerres, destinées a écouler la matière de la foudre dans la terre, j'ai oublié de citer, pour preuve, l'article de ce rapport. Or, le voici :

« Quant au conducteur du paratonnerre, une barre de
» fer de sept à neuf lignes en carré est suffisante; on pour-
» rait la faire plus petite, et se servir d'un simple fil métalli-
» que, pourvu qu'arrivé à la surface du sol on le réunisse à
» une barre métallique de cinq à six lignes, et pénétrante
» dans la terre humide ». (*Page* 273).

Cette partie du rapport est, comme on le voit, en contradiction avec le 4e. paragraphe de la page 260 dudit rapport.

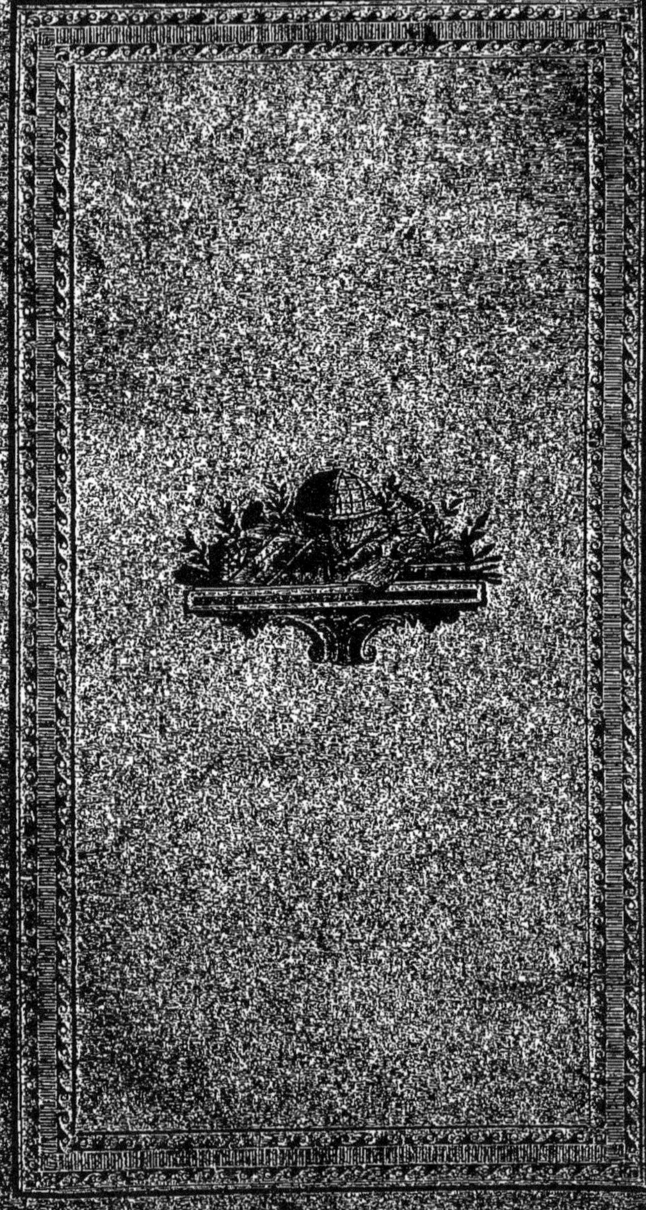

www.ingramcontent.com/pod-product-compliance
Ingram Content Group UK Ltd.
Pitfield, Milton Keynes, MK11 3LW, UK
UKHW021145220726
13924UKWH00003B/1022